甘薯营养成分与功效科普丛书

探秘甘薯世界

木泰华　马梦梅　编著

科学出版社

北京

内 容 简 介

甘薯富含淀粉、蛋白质、膳食纤维、维生素及多种矿质元素，是世界公认的“全营养食品”之一。本书介绍了甘薯传入中国的历史，概述了甘薯的种类及营养价值，并对甘薯的保存方法与吃法等进行了生动详细的介绍，从而为我国甘薯资源的深加工与综合利用提供技术支持，这对于促进甘薯加工业的良性循环及产业结构升级具有重要意义。

本书可供国内各大科研院所食品工艺学相关专业的本科生及研究生、相关研究领域的专家、企业研发人员，以及其他爱好、关注食品工艺学的读者参考。

图书在版编目（CIP）数据

探秘甘薯世界/木泰华，马梦梅编著.—北京:科学出版社，2019.9

（甘薯营养成分与功效科普丛书）

ISBN 978-7-03-062268-6

Ⅰ.①探…　Ⅱ.①木…　②马…　Ⅲ.①甘薯-介绍　Ⅳ.①S531

中国版本图书馆CIP数据核字（2019）第201940号

责任编辑：贾　超　李丽娇／责任校对：杜子昂

责任印制：肖　兴／封面设计：东方人华

科学出版社出版

北京东黄城根北街16号

邮政编码：100717

http://www.sciencep.com

北京汇瑞嘉合文化发展有限公司 印刷

科学出版社发行　各地新华书店经销

*

2019年9月第　一　版　开本：890×1240　A5

2019年9月第一次印刷　印张：2

字数：56 000

定价：39.80元

（如有印装质量问题，我社负责调换）

作 者 简 介

木泰华　男，1964年3月生，博士，博士研究生导师，研究员，中国农业科学院农产品加工研究所薯类加工创新团队首席科学家，国家甘薯产业技术体系产后加工研究室岗位科学家。担任中国淀粉工业协会甘薯淀粉专业委员会会长、欧盟“地平线2020”项目评委、《淀粉与淀粉糖》编委、《粮油学报》编委、*Journal of Food Science and Nutrition Therapy*编委、《农产品加工》编委等职。

1998年毕业于日本东京农工大学联合农学研究科生物资源利用学科生物工学专业，获农学博士学位。1999年至2003年先后在法国蒙彼利埃（Montpellier）第二大学食品科学与生物技术研究室及荷兰瓦赫宁根（Wageningen）大学食品化学研究室从事科研工作。2003年9月回国，组建了薯类加工团队。主要研究领域：薯类加工适宜性评价与专用品种筛选；薯类淀粉及其衍生产品加工；薯类加工副产物综合利用；薯类功效成分提取及作用机制；薯类主食产品与休闲食品加工工艺及质量控制；超高压技术在薯类加工中的应用。

近年来主持或参加国家重点研发计划项目-政府间国际科技创新合作重点专项、“863”计划、“十一五”“十二五”国家科技支撑计划、国家自然科学基金项目、公益性行业（农业）科研专项、现代农业产业技术体系建设专项、科技部科研院所技术开发研究专项、科技部农业科技成果转化资金项目、“948”计划等项目或课题68项。

相关成果获省部级一等奖2项、二等奖3项，社会力量奖一等奖4项、二等奖2项，中国专利优秀奖2项；发表学术论文161篇，其中SCI收录98篇；出版专著13部，参编英文著作3部；获授权国家发明专利49项；制定《食用甘薯淀粉》等国家/行业标准2项。

马梦梅 1988 年 10 月生，博士，助理研究员。2011 年毕业于青岛农业大学食品科学与工程学院，获工学学士学位；2016 年毕业于中国农业科学院研究生院，获农学博士学位。2016 年毕业后在中国农业科学院农产品加工研究所工作。

主要从事薯类精深加工及副产物综合利用、薯类主食加工技术等方面的研究工作。参与农业农村部引进国际先进农业科学技术计划、国际合作与交流项目、甘肃省高层次人才科技创新创业扶持行动等项目，在 *Food Chemistry*、*Carbohydrate Polymers*、*Journal of Functional Foods* 和《中国食品学报》、《食品工业科技》等杂志上发表多篇论文。

前　言

P　R　E　F　A　C　E

甘薯俗称红薯、白薯、地瓜、番薯、红芋、红苕等，是旋花科一年生或多年生草本植物，原产自拉丁美洲，于明代万历年间传入我国，至今已有 400 多年栽培历史。甘薯栽培具有低投入、高产出、耐干旱和耐瘠薄等特点，是仅次于水稻、小麦、玉米和马铃薯的重要粮食作物。

甘薯中富含多种人体所需的营养物质，如蛋白质、可溶性糖、脂肪、膳食纤维、果胶、钙、铁、磷、β-胡萝卜素等。此外，还含有维生素 C、维生素 B_1、维生素 B_2、维生素 E 及尼克酸和亚油酸等。在美国、日本和韩国等发达国家，甘薯主要用于鲜食和加工方便食品，比较强调甘薯的保健作用。在我国 20 世纪五六十年代，甘薯曾被作为主要粮食作物，在解决粮食短缺、抵御自然灾害等方面发挥了重要作用。但是，随着人们生活水平的提高，甘薯作为单一的粮食作物已成为历史。进入 21 世纪，甘薯加工产品朝着多样化和专用型方向发展，已经成为重要的粮食、饲料及工业原料。此外，国家卫生和计划生育委员会（现国家卫生健康委员会）发布的《中国居民膳食指南（2016）》推荐：每天摄入薯类 50~100g。因此，甘薯产业具有十分广阔的发展前景。

2003 年，笔者在荷兰与瓦赫宁根大学食品化学研究室 Harry Gruppen 教授合作完成了一个薯类保健特性方面的研究项目。回国后，怀着对薯类研究的浓厚兴趣，笔者带领团队成员对甘薯加工与综合利用开展了较深入的研究。十余年来，先后承担了“国家现代农业（甘薯）产业技术体系建设专项”“国家科技支撑计划专题 - 甘薯加工适宜性评价与专用品种筛选”“甘薯深加工关键技术研究与产业化示范”“农产品加工副产物高值化利用技术引进与利用”“甘薯叶粉的高效制备与品质评价关键技术研究”“薯类淀粉加工副产物的综合利用”等项目或课题，攻克了一批关键技术，取得了一批科研成果，培养了一批技术人才。

编写本书的目的主要是向大家详细介绍甘薯传入中国的历史、甘薯的种类、甘薯富含的营养成分和保健功能、甘薯的储藏方法、甘薯的吃法等，以通俗易懂的语言让大家深入地了解甘薯。此举将会极大地改变甘薯加工的现状，对相关产业的转型升级与实现可持续发展有着非凡的意义。由于作者水平所限以及甘薯深加工与综合利用领域发展迅猛，加之时间相对仓促，书中内容难免有不妥或疏漏之处，敬请广大读者提出宝贵意见及建议。

木泰华

2019 年 9 月

目 录

C O N T E N T S

一、甘薯的传入历史

拉丁美洲→西班牙→菲律宾→中国

甘薯，俗称红薯、番薯、地瓜、山芋、红苕、白薯等，是旋花科一年生或多年生草本植物。块根外皮呈淡黄色、紫色或者红色；薯肉呈白色、黄色、红色或者紫色。甘薯块根富含淀粉，可作为粮食或生产淀粉和酒精的原料，蔓、茎及叶可作蔬菜、饲料等。近年来，还培育出了用作花卉观赏的甘薯品种。

甘薯因其易耕种、产量高、香甜可口等特点，深受世界各国人民的喜爱，为人类繁荣做出了巨大的贡献。你知道吗？其实甘薯是舶来品，这从它的别名“番薯”中就可以看出来。在古代，很多从中原或者中国以外地区引进的作物，大都被冠以“番”字。那么，甘薯是怎样传入我国的呢？这就不得不提到甘薯之父——陈振龙。

陈振龙从小饱读诗书，十几岁即中秀才，但后来弃儒经商，于明代万历年间随商人赴吕宋（今菲律宾），因此接触到西班牙人种植的甘薯。陈振龙发现甘薯耐干旱、成活率高、生熟皆可食用，具有很高的经济价值。于是，他留心学习甘薯栽培技术，悉心向当地农户求教，并于万历二十一年，将薯苗带回，并在自己的住宅附近试种。正巧碰上当年大旱，收成极差，陈振龙便让儿子上书福建巡抚金学曾，请求让农民种植甘薯，结果大获丰收，饥荒因此缓解。到了清朝初年，甘薯已经传遍闽、赣、云、贵、川、冀等地。陈振龙从“外番”之地引进甘薯，也因此被称为“中国甘薯之父”。陈振龙的后代子孙克承世业，也一直致力于甘薯的引种、推广，功绩卓著。

二、甘薯的种类

1. 白心甘薯
2. 黄心和红心甘薯
3. 紫心甘薯
4. 紫心甘薯是转基因食品吗？

甘薯都有哪些分类，你了解吗？我们日常所说的甘薯、白薯、紫薯等都属于薯类，那么，它们都有什么区别呢？有人说紫薯是最有营养的，是真的吗？

目前，最常见、最通俗易懂的分类方法是根据甘薯薯肉的颜色来进行分类，主要分为以下四种。

1. 白心甘薯

白心甘薯的表皮呈白色或者红色，薯肉为白色，表面有许多根须，断口处有拉丝状黏液，类似于山药。白心甘薯水分含量少，淀粉含量高，糖含量低，因此口感不甜。白心甘薯在全国范围内均有广泛种植，主要适合于生产淀粉或酒精，若要食用，则适合蒸制。

2. 黄心和红心甘薯

黄心和红心甘薯的表皮一般为黄色或者红色，薯肉为黄色、橘色和红色等。黄心和红心甘薯的水分含量比白心甘薯高，淀粉含量较低，糖含量较高，甜度较大，且富含 β- 胡萝卜素。薯肉颜色越深，β- 胡萝卜素的含量越高。因此，黄心和红心甘薯多用来鲜食，蒸制、煮制、烤制或油炸亦可，工业上也用来加工甘薯全粉，进而应用于主食、糕点、饼干、面包、酸奶等食品中，在全国范围内种植广泛。

3. 紫心甘薯

紫心甘薯的表皮和薯肉均呈紫色。日本最先通过杂交育种得到了产量高、花青素含量高的紫心甘薯品种。我国于 20 世纪 80 年代开始引进紫心甘薯品种，之后培育出适合我国栽培的新品种，如‘紫薯 135’‘烟 337’‘烟 176’‘徐薯 4 号’‘京薯 16 号’‘渝紫 1 号’‘群紫 1 号’等。目前我国黑龙江、吉林、辽宁、河北、山东、江苏、广西、广东等省份都有大面积种植。

紫心甘薯是甘薯家族的新成员，它除了具有普通甘薯的营养成分外，还富含花青素和硒元素。花青素是目前科学界发现的防治疾病、维护人类健康最直接、最有效、最安全的自由基清除剂，其清除自由基的能力是维生素 C 的 20 倍、维生素 E 的 50 倍。近年来，紫心甘薯在国际、国内市场上十分走俏，发展前景非常广阔。紫心甘薯适合鲜食、加工全粉、提取花青素等，用途十分广泛。

4. 紫心甘薯是转基因食品吗？

现在市面上蔬菜水果品种繁多，有小小的番茄和黄瓜，也有红色和黄色的彩椒，还有个头很大的草莓。紫心甘薯的颜色和形态与

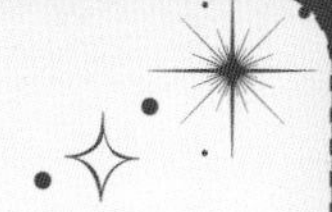

普通的白心、黄心和红心甘薯不同，很多消费者在吃完紫心甘薯后也会发现嘴巴和舌头都被染成紫色了，因此，很多人会担心紫心甘薯是转基因食品。那么，紫心甘薯是转基因食品吗？

紫心甘薯自古以来就是天然食物。1984 年由农业部和中国农业科学院主持，全国数十位知名甘薯专家集体编写的《中国甘薯栽培学》中第 34 页明确指出：甘薯肉色可分为紫、橘红、杏黄、黄、白等。说明紫色是甘薯固有的肉色之一。紫心甘薯之所以是紫色，是因为其含有丰富的花青素，在酸性条件下，花青素呈红色或者紫色。

目前，我国共为 7 种转基因植物发放了农业转基因生物安全证书，有番茄、棉花、矮牵牛、辣椒、番木瓜、水稻和转植酸酶玉米。除进口的转基因棉花可种植外，进口的转基因大豆、玉米、油菜用途仅限于加工原料。圣女果（樱桃西红柿）、马铃薯、彩椒等，都没有转基因品种。迄今为止，世界甘薯界还未进行甘薯转基因育种工作。所以说，紫心甘薯并不是转基因食品，请放心食用吧。

三、甘薯的营养价值

1. 甘薯在我国居民膳食结构中地位是怎样的？
2. 甘薯的营养价值
3. 甘薯的保健功能

1. 甘薯在我国居民膳食结构中地位是怎样的?

《中国居民膳食指南（2016）》是中国营养学会修订、国家卫生和计划生育委员会疾病预防控制局发布，为了提出符合我国居民营养健康状况和基本需求的膳食指导建议而制定的法规，自2016年5月31日起实施。

指南建议，每天的膳食应包括谷薯类、蔬菜水果类、畜禽鱼蛋奶类、大豆坚果类等食物。每天应摄入谷薯类食物250~400g，其中，全谷物和杂豆类50~150g，薯类50~100g。由此可以看出，谷薯类食物在我国居民膳食结构中具有重要的地位和作用，因此，保证此类食物的供给非常重要。

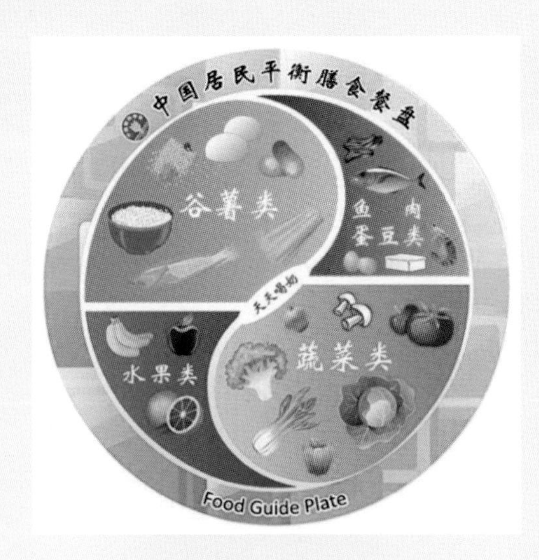

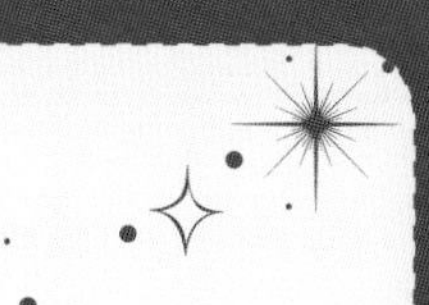

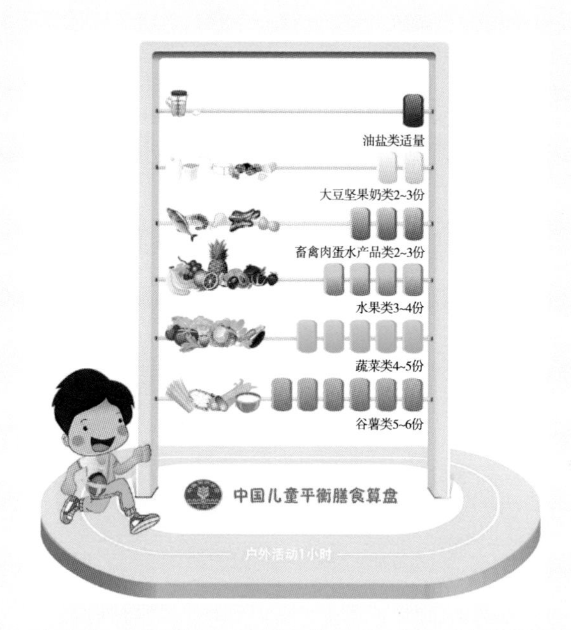

2. 甘薯的营养价值

甘薯富含淀粉、蛋白质、膳食纤维、维生素和多种矿质元素，而脂肪含量很低，是世界公认的“全营养食品”（表3-1）。因此，甘薯是适合我国居民饮食要求的低脂肪、富含优质膳食纤维和蛋白质的营养食物。下面我们分别来介绍甘薯各个成分的营养价值。

表3-1 甘薯的营养成分（干重）

成分名称	平均含量
淀粉 /（g/100g）	66.90±4.55
灰分 /（g/100g）	1.82±0.63

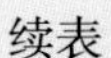

续表

成分名称	平均含量
蛋白质 /（g/100g）	5.57±1.51
脂肪 /（g/100g）	0.88±0.05
总膳食纤维 /（g/100g）	7.05±1.04
不溶性膳食纤维 /（g/100g）	4.18±0.82
可溶性膳食纤维 /（g/100g）	2.87±0.69
钠 /（mg/100g）	229.87±113.15
镁 /（mg/100g）	94.61±20.53
钾 /（mg/100g）	1110.17±230.31
磷 /（mg/100g）	135.54±33.06
钙 /（mg/100g）	101.72±23.45
铁 /（μg/100g）	1271.63±324.34
锌 /（μg/100g）	429.33±85.12
铜 /（μg/100g）	171.53±26.81
硒 /（μg/100g）	4.21±0.86
维生素 B_1/（mg/100g）	0.31±0.05
维生素 B_2/（mg/100g）	1.20±0.11
维生素 B_3/（mg/100g）	2.07±0.58
维生素 C/（mg/100g）	80.99±31.40
β- 胡萝卜素 /（mg/100g）	1.19±0.16

注：数据来自 58 个常用的甘薯品种基本成分的平均值。

2.1 甘薯淀粉的营养价值

甘薯干基淀粉含量一般为 46.94~75.03g/100g，平均含量为 66.90g/100g，高于小麦粉中的淀粉含量（60.96g/100g）和马铃薯中的淀粉含量（64.15g/100g）。甘薯淀粉中富含磷元素，大部分甘薯淀粉中的磷均以共价键形式与淀粉分子结合，含量范围在 290~320μg/g。磷能提高甘薯淀粉的黏度，改善其凝胶强度，同时，可以降低甘薯淀粉的成胶温度，加快水合和膨胀速率，增加淀粉凝胶的透明度，因此，含磷较高的甘薯淀粉较适合于粉丝、粉条等食品的生产。此外，磷是人体骨骼和牙齿的重要成分，也是组成遗传物质核酸的基本成分之一，它参与机体内酸碱平衡、能量的代谢，有助于保持机体内三磷酸腺苷（ATP）代谢的稳定性。

2.2 甘薯蛋白的营养价值

甘薯蛋白主要是指甘薯块根中的Sporamin，是一种储藏蛋白质，为球形结构（图3-1）。甘薯干基蛋白含量一般为2.72~9.61g/100g，平均含量为5.57g/100g。甘薯蛋白含有18种氨基酸，其中8种人体必需氨基酸的总含量达39%，明显高于大豆、花生、芝麻等许多植物蛋白，其生物价为72，明显高于马铃薯（67）、大豆（64）和花生（59），也明显高于联合国粮食及农业组织/世界卫生组织（FAO/WHO）的标准蛋白（表3-2）。因此，甘薯蛋白是一种营养价值很高的优质植物蛋白质。

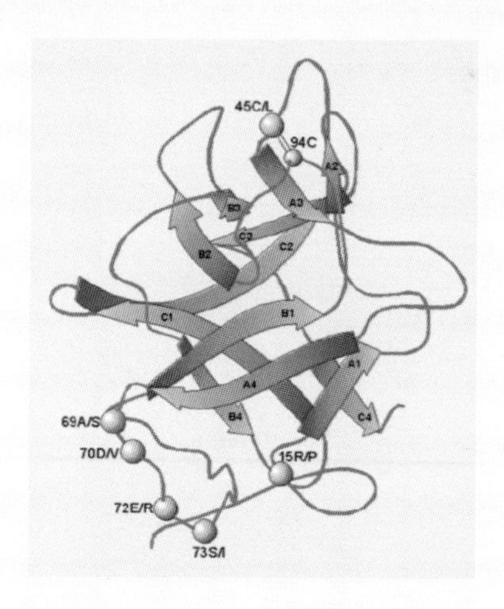

图3-1　Sporamin的球形结构模型

表3-2 甘薯蛋白与其他植物蛋白必需氨基酸组成比较(%)

氨基酸	甘薯蛋白 Sporamin A	甘薯蛋白 Sporamin B	大豆蛋白	花生蛋白	芝麻蛋白
苏氨酸(Thr)	7.0	6.8	4.0	2.9	4.0
缬氨酸(Val)	8.5	9.1	5.0	5.2	4.7
蛋氨酸(Met)	2.2	1.2	1.5	1.1	3.7
异亮氨酸(Ile)	4.8	5.9	4.7	4.3	4.1
亮氨酸(Leu)	7.0	5.6	7.1	7.9	7.1
苯丙氨酸(Phe)	5.3	5.7	4.6	6.2	6.0
赖氨酸(Lys)	4.2	4.1	6.4	3.6	3.8
色氨酸(Trp)	0.9	0.7	1.2	1.2	3.3
必需氨基酸含量	39.9	39.1	34.6	32.4	36.7

甘薯蛋白除具有良好的营养特性外，还具有很好的生物活性。甘薯蛋白具有清除羟基自由基、DPPH 自由基和超氧阴离子自由基的能力；同时，天然甘薯蛋白作为一种胰蛋白酶抑制剂具有良好的胰蛋白酶抑制活性，可以有效抑制癌细胞增殖、侵袭和转移。甘薯蛋白还可以抑制前脂肪细胞的增殖及向成熟脂肪细胞分化，减少脂肪细胞及脂肪的数量，降低小鼠体重和脂肪系数，同时可以明显降低肥胖小鼠的总胆固醇、甘油三酯水平，具有很好的减肥降脂等保健功效。

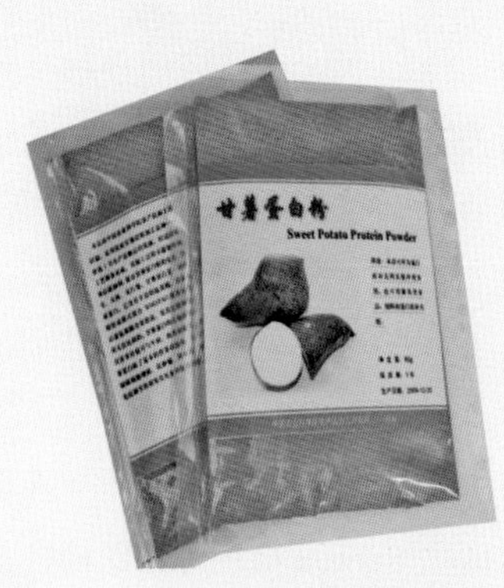

2.3 甘薯膳食纤维的营养价值

膳食纤维统指不能被人体小肠消化吸收，但能部分或完全在大肠中发酵的植物组分或类似碳水化合物，包括多糖、寡糖、木质素和类似植物物质。甘薯干基总膳食纤维的平均含量约为7.05g/100g，主要由纤维素（35.01%）、半纤维素（23.28%）、木质素（21.59%）和果胶类物质（13.68%）构成。

甘薯膳食纤维粉产品

甘薯膳食纤维有较强的咀嚼性、吸水膨胀性，并可以作为热量替代物，从而增加饱腹感，减少机体对营养素的吸收。甘薯膳食纤维能吸附或结合胆固醇及胆汁酸，加快其从肠道排出的速度，减少肠道吸收量，并阻碍胆固醇的肠肝循环。此外，具有凝胶特性的甘薯膳食纤维可以在肠道内形成凝胶，从而使胃排空的时间延长，抑制肠道中葡萄糖、甘油三酯和胆固醇的转运。可溶性甘薯膳食纤维可以通过供给微生物底物来改善肠道菌群。例如，能够增加粪便中的双歧杆菌和乳酸菌含量。乳酸菌和双歧杆菌可降低血胆固醇，增

强胆汁的早期解离，并能够通过吸收和沉淀作用而除去胞外的胆固醇。甘薯膳食纤维的高持水性可以增加人体排便的体积与速度，使有毒物质迅速排出体外，对预防结肠癌大有益处。此外，甘薯膳食纤维中包含一些基团，有可能发挥一种类似于弱酸性离子交换树脂的作用，进而影响人体内某些矿质元素的代谢。

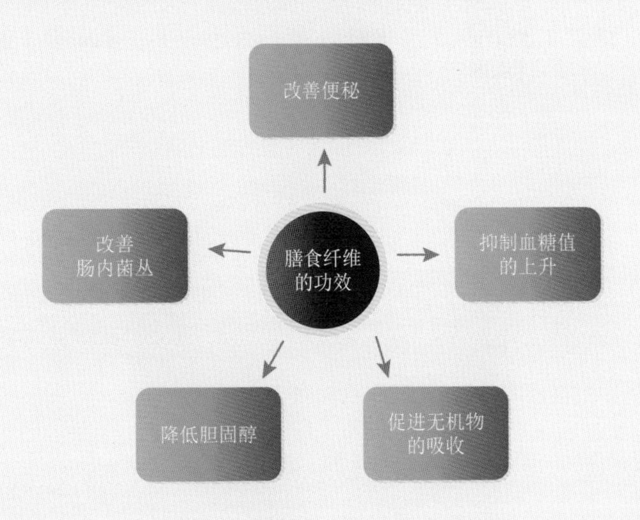

2.4 甘薯中维生素的营养价值

甘薯中富含 β- 胡萝卜素、B 族维生素及维生素 C。甘薯干基 β- 胡萝卜素的平均含量为 1.19mg/100g（表 3-1），显著高于芒果（0.89mg/100g）和番茄（0.38mg/100g），而小麦粉和马铃薯粉中未检出。β- 胡萝卜素作为维生素 A 的前驱体物质，摄入机体后，会转化成维生素 A，可以维持眼睛和皮肤的健康，改善夜盲症、皮肤粗糙等，也可以改善和强化呼吸道系统功能，预防癌症、心脑血管疾病、白内障，强化免疫系统，抗衰老等。

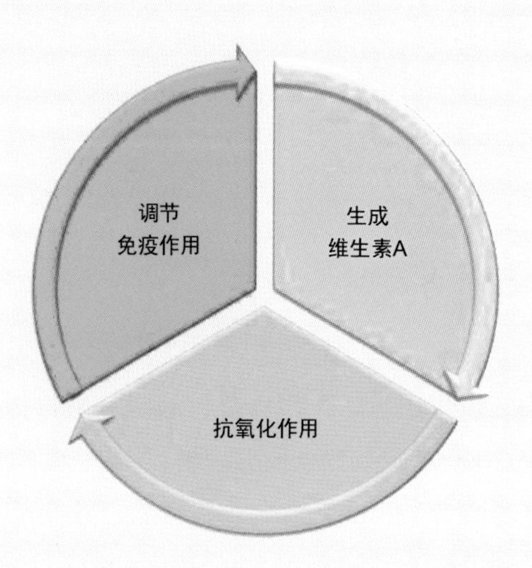

甘薯干基维生素 B_1、维生素 B_2、维生素 B_3 和维生素 C 的平均含量分别为 0.31mg/100g、1.20mg/100g、2.07mg/100g 和 80.99mg/100g（表 3-1），分别为马铃薯的 0.41 倍、3.00 倍、0.23 倍和 2.82 倍，前三者的平均含量分别是小麦粉的 0.56 倍、26.09 倍和 1.10 倍，而小麦粉中未检出维生素 C。维生素 B_1 是水溶性物质，能够增进食欲，维持神经的正常活动。维生素 B_1 被摄入机体后，会转变成硫胺素焦磷酸，参与机体内糖的代谢，且具有抑制胆碱酯酶活性的作用。维生素 B_2 易溶于水，与能量的产生直接相关，可促进生长发育和细胞的再生，增进视力。人体缺乏维生素 B_2 时易患口腔炎、皮炎、微血管增生症等。维生素 B_3 也是水溶性维生素，是人体需要量最多的一种 B 族维生素，不仅是维持消化系统健康的维生素，也是维系神经系统健康和脑机能正常运作的关键物质。维生素 C 能够防治坏血病、刺激造血机能等，能够弥补我们食用大米、小麦粉造成的维生素 C 不足。

2.5 甘薯中矿质元素的营养价值

甘薯富含矿质元素（表 3-3）。其中，钾的平均含量为 1110.17mg/100g（干基），分别是马铃薯和小麦的 2.06 倍和 6.42 倍；钙的平均含量为 101.72mg/100g（干基），分别是马铃薯和小麦的 6.06 倍和 5.06 倍；钠的平均含量为 229.87mg/100g（干基），分别是马铃薯和小麦的 63.68 倍和 113.80 倍；镁的平均含量为 94.61mg/100g（干基），是小麦的 4.58 倍，与马铃薯的镁含量相当；磷的平均含量为 135.54mg/100g（干基），分别是马铃薯和小麦的 2.25 倍和 3.75 倍；铁的平均含量为 1.27mg/100g（干基），略低于马铃薯中的铁含量，与小麦中的铁含量相差不大；锌的平均含量为 0.43mg/100g（干基），分别是马铃薯和小麦的 1.16 倍和 2.15 倍；铜的平均含量为 0.17mg/100g（干基），是小麦中铜含量的 17 倍，与马铃薯的铜含量相似；硒的平均含量为 4.21μg/100g，略低于马铃薯和小麦中的硒含量。

表 3-3 甘薯、马铃薯和小麦中矿质元素含量（单位：mg/100g，干基）

矿物元素	甘薯	马铃薯	小麦
钾	1110.17	539.28	173.04
钙	101.72	16.79	20.12
钠	229.87	3.61	2.02
镁	94.61	94.11	20.64
磷	135.54	60.28	36.12
铁	1.27	2.00	1.14
锌	0.43	0.37	0.20
铜	0.17	0.16	0.01
硒 *	4.21	7.49	5.98

* 单位为 μg/100g。

钾是蛋白合成、能量转化和肌肉等储能过程中多种酶的辅助因

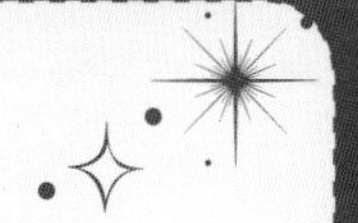

子，在肌肉收缩、神经冲动和血压调节等方面起着重要作用。钙是人体中含量最高的矿质元素，是构成骨骼和牙齿的重要成分。此外，钙在肌肉收缩、神经系统功能、血管收缩以及激素和酶分泌等方面起着重要作用。钠在调节血压和细胞外液的流量等方面有重要作用，并且对神经系统和肌肉有着重要的调节作用；然而，钠摄入量过高会导致高血压、肾病甚至心力衰竭，低钠和高钾摄入可以缓和高血压等症状。因此，钠钾比（Na/K）可以作为一种膳食评估指标。镁是人体中第四大矿质元素，被认为是体内超过 300 多种代谢反应的辅助因子，在心脏兴奋性、神经传导、葡萄糖胰岛代谢以及预防中风、高血压、冠心病和 2 型糖尿病等方面起着重要作用。磷是人体骨骼和牙齿的重要成分，也是组成遗传物质核酸的基本成分之一，参与机体内酸碱平衡、能量的代谢，保持机体内三磷酸腺苷（ATP）代谢的稳定性。

铁在人体中主要以血红素蛋白的形式存在，如血红蛋白和肌红蛋白。缺铁被认为在引起疾病的因素中排在第六位。铁的日参考摄入量（reference daily intake，RDI）为男性 8mg/ 天，女性 18mg/ 天。锌是人体中必需的微量元素，在儿童生长发育和遗传等方面起着重要作用。缺锌会导致生长缓慢、细胞介导免疫功能紊乱和认知障碍，在贫困国家中被列为引起疾病的第五大诱因，世界有三分之一的人口受到缺锌的影响。锌的 RDI 值为男性 11mg/ 天，女性 8mg/ 天。铜是人体健康必不可少的微量营养素，对血压、免疫系统、中枢神经系统以及头发、皮肤、骨骼、大脑、内脏等发育有着重要作用。在血液中，铜可以促进机体对铁吸收，从而促进血红素的形成，提高机体活力。硒被科学家称为人体微量元素中的“抗癌之王”，能够清除体内自由基和胆固醇、排除体内毒素，抑制过氧化脂质的产生、增强人体免疫功能、降低血糖和尿糖、防治心脑血管疾病等。

2.6 甘薯中多酚类物质的营养价值

甘薯中富含多酚类物质，主要分布于叶片、叶柄、块根中。从图 3-2(a) 中可以看出，叶片中多酚类物质的含量最高，为 7.52g CAE/100mg DW（CAE 表示绿原酸当量，DW 表示干基），其次为叶柄（1.56g CAE/100mg DW），块根中多酚类物质含量最少（0.96g CAE/100mg DW）。与之相对应的，从图 3-2(b) 中可以了解到，甘薯叶片的抗氧化活性最高，其次为叶柄和块根，其抗氧化活性分别为 15.2μg TE/mg（TE 表示水溶性维生素 E 当量）、3.48μg TE/mg 和 2.72μg TE/mg。

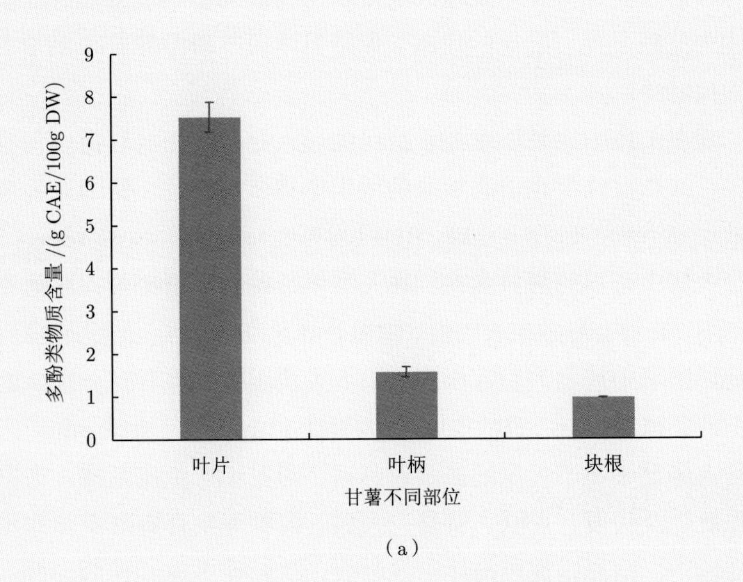

(a)

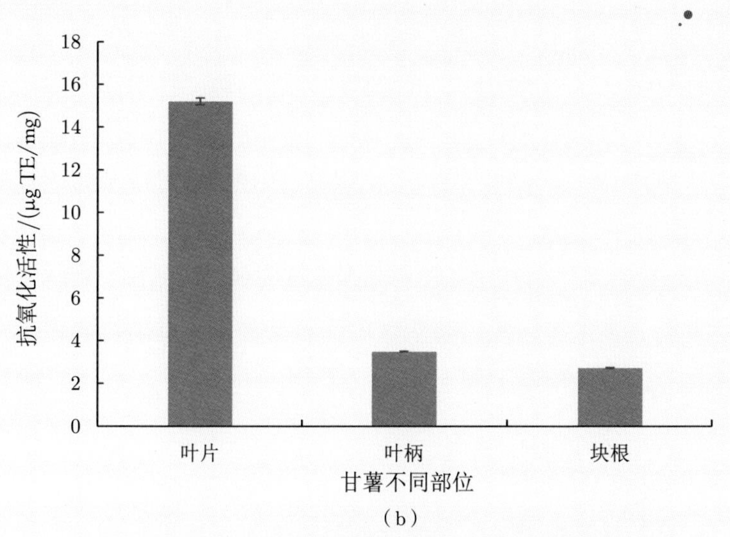

图 3-2　甘薯不同部位的多酚类物质含量（a）及抗氧化活性（b）

数据来源于 60 种甘薯茎叶和 23 种甘薯块根的平均值

甘薯中的多酚类物质，其主要构成成分为绿原酸及其衍生物，约占多酚类物质的 70%，另有 10% ~ 20% 为黄酮类化合物。绿原酸类物质是许多中药材的主要功效成分，也是多种成品药质量控制的重要指标之一，具有清除自由基、抗菌消炎、抗突变、抑制肿瘤、保肝利胆、活血降压、降血糖等生物活性。

3. 甘薯的保健功能

前面我们已经介绍过，甘薯富含蛋白质、膳食纤维、果胶、维生素、矿质元素及多酚类物质等，具有抗癌、抑制肥胖、降血糖、降血压、降血脂、抗氧化、增强免疫力等功能。

以癌症为例，随着生活节奏的加快以及工作压力的增大，近年来，癌症的发病率逐年增加且有低龄化的发展趋势，已引起人们的广泛关注。以目前的医学水平，癌症还是不能完全根治的，因此很多人对癌症是恐惧的。不过，在生活中有很多方式是可以预防癌症的，饮食就是其中之一。

在抗癌食品排行榜上，甘薯是名副其实的防癌冠军、营养宝库、长寿之果。那么，甘薯真的如宣传所说具有非常好的抗癌效果吗？甘薯的所有部位都能抗癌吗？

3.1 甘薯有没有抗癌作用呢？

我国医学工作者对广西西部的百岁老人之乡进行调查后发现，此地的长寿老人有一个共同的特点，就是习惯食用甘薯，甚至将其作为主食。WHO 评出了六大类最健康食品，甘薯被列为 13 种最佳蔬菜的冠军。无独有偶，日本国立癌症预防研究所公布的 20 种抗癌蔬菜“排行榜”中，甘薯的抑癌有效率最高，且熟甘薯的抑癌有效率优于生甘薯（表 3-4）。

表 3-4　20 种蔬菜抑癌有效率（%）

蔬菜品种	抑癌有效率	蔬菜品种	抑癌有效率
熟甘薯	98.7	黄花菜	37.6
生甘薯	94.4	荠菜	35.4
芦笋	93.7	苤蓝	34.7
花椰菜	92.8	芥菜	32.9
卷心菜	91.4	雪里蕻	29.8
菜花	90.8	番茄	23.8
西芹	83.7	大葱	16.3
茄子皮	74.0	大蒜	15.9
甜椒	55.5	黄瓜	14.3
胡萝卜	46.5	大白菜	7.4

注：数据来源于日本国立癌症预防研究所。

此外，笔者团队经过多年研究，也发现甘薯蛋白、多肽、果胶、脂质均对癌细胞有不同程度的抑制作用。

从图 3-3 和图 3-4 中可以看出，腹腔注射甘薯蛋白（50mg/kg）后，HCT-8 小鼠血液癌胚抗原可降低 40%，腹腔内肿瘤结节数量显著减小。图 3-5 结果显示，不同浓度（10~500μg/mL）、不同分子量（＞10kDa、5~10kDa、3~5kDa 和＜3kDa）的甘薯多肽均可以抑制结肠癌细胞 HT-29 的增殖，抑癌作用随多肽浓度的增大而增大，且低分子量（＜3kDa）的甘薯多肽抑制作用最好。图 3-6 结果也表明，不同浓度的甘薯脂质对结肠癌细胞 HT-29 和乳腺癌细胞 Bcap-37 的增殖均有显著的抑制作用，且随甘薯脂质浓度的增大，其抑癌率逐渐提高。此外，天然甘薯果胶、pH 和热改性甘薯果胶均显著抑制了结肠癌细胞 HT-29 的增殖（图 3-7）。

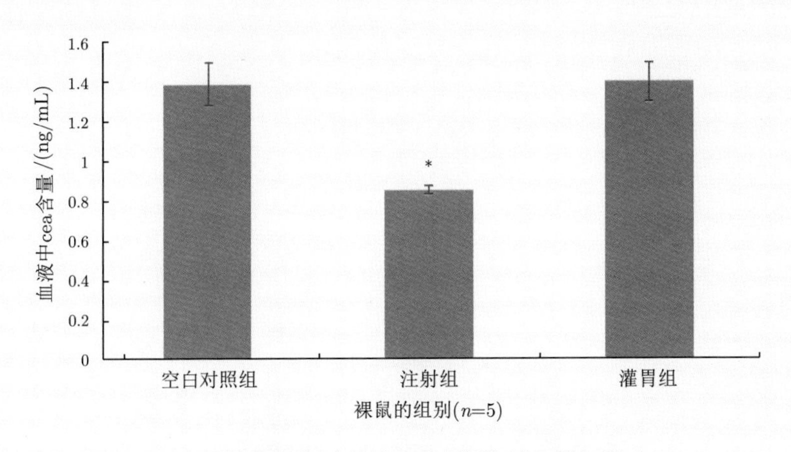

图 3-3　甘薯蛋白对小鼠血液癌胚抗原含量的影响

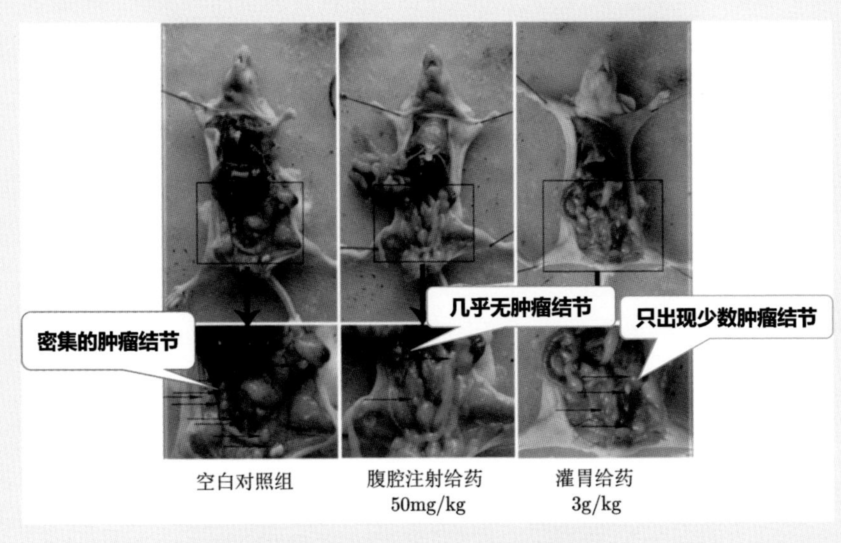

图 3-4　甘薯蛋白对人结肠癌细胞株 HCT-8 裸鼠腹膜弥散型移植瘤的抑制作用

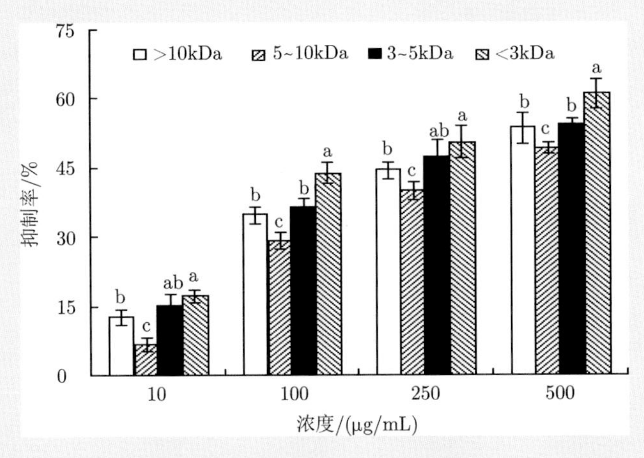

图 3-5　不同浓度及分子量甘薯多肽对结肠癌细胞 HT-29 的抑制作用

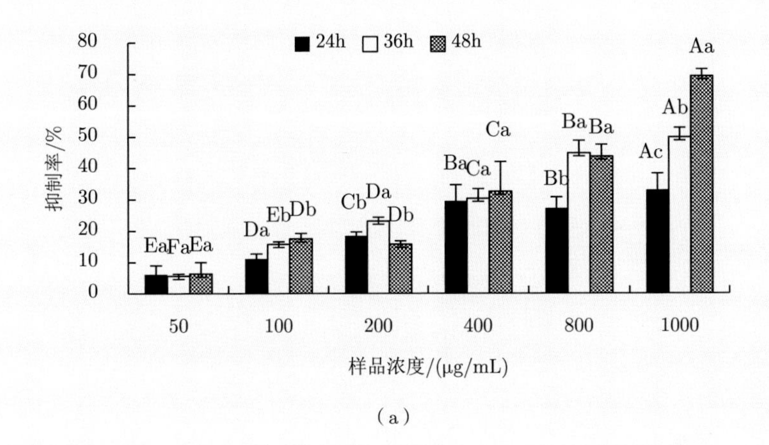

（a）

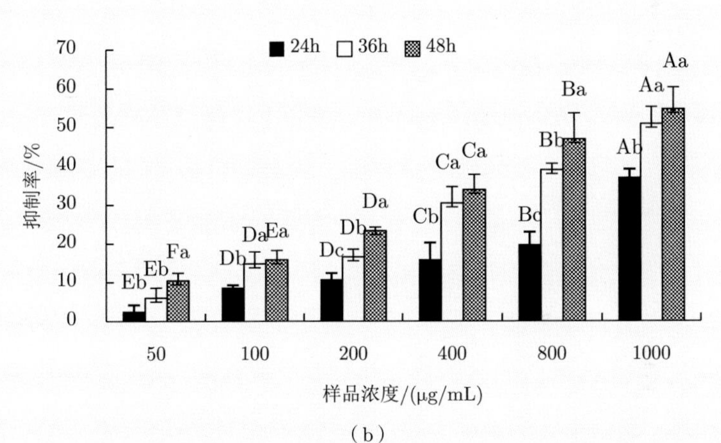

（b）

图 3-6　不同浓度甘薯脂质对结肠癌细胞 HT-29（a）和乳腺癌细胞 Bcap-37（b）的抑制作用

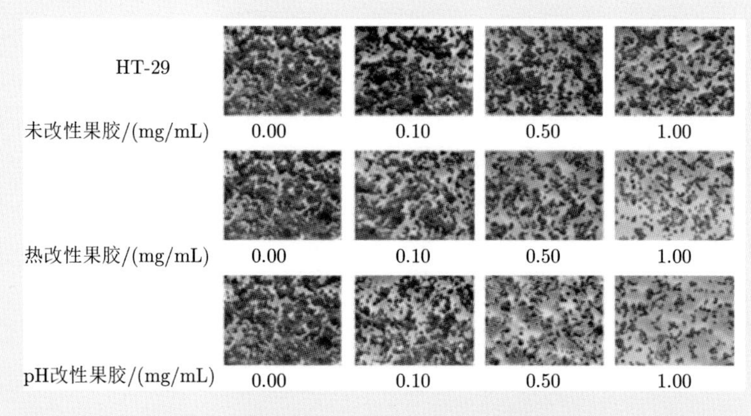

图 3-7 不同浓度、不同种类甘薯果胶对结肠癌细胞 HT-29 的抑制作用

上述研究结果表明，可以肯定甘薯是具有抗癌作用的。因此，在日常生活中可以适量地摄入甘薯，有利于保持机体健康。

3.2 甘薯的所有部位都能抗癌吗？

甘薯不仅是指我们日常所见的块根（由薯肉、表皮和根须组成），也包括叶片、叶柄和茎（图 3-8）。甘薯全身是宝，叶片、叶柄、茎和块根中均含有蛋白质、脂肪、灰分、膳食纤维、维生素 C、β- 胡萝卜素和多酚类物质（表 3-5）。其中，甘薯叶片中多酚类物质含量最高，能够起到清除活性氧的作用，而活性氧是诱发癌症的原因；甘薯叶片和块根中均富含维生素 C 和 β- 胡萝卜素，且紫甘薯中富含花青素，这些物质均具有清除活性氧的作用；此外，甘薯叶片、叶柄、茎和块根中丰富的膳食纤维能促进肠道蠕动，间接地能够防治结肠癌。

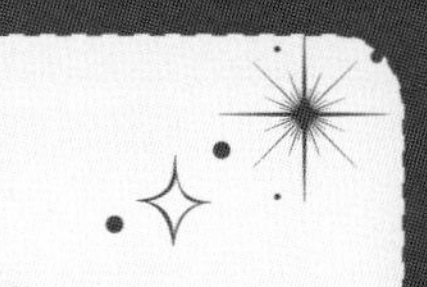

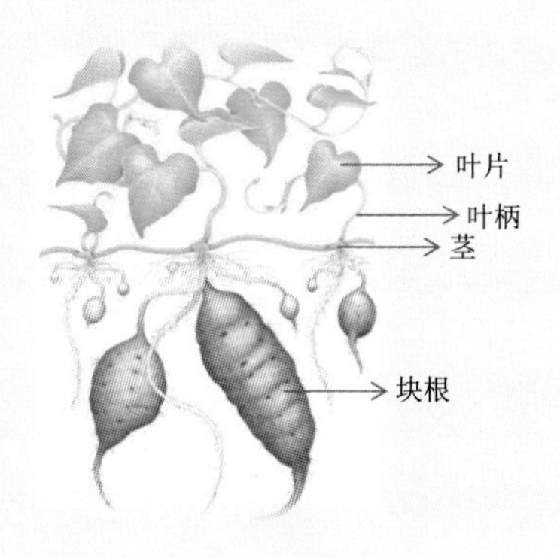

图 3-8　甘薯不同部位示意图

表 3-5　甘薯不同部位营养成分表（干基）

营养成分	叶片	叶柄	茎	块根
蛋白质 /（g/100g）	3.80	0.50	0.85	2.13
脂肪 /（g/100g）	0.33	0.10	0.53	0.20
灰分 /（g/100g）	1.88	1.65	1.30	1.43
膳食纤维 /（g/100g）	5.94	2.43	10.40	3.41
β- 胡萝卜素 /（μg/100g）	273	191	159	236
维生素 C/（mg/100g）	81	17.3	19.3	35
多酚类物质含量 /（CAE/100mg）	7.52	1.56	1.42	0.96
抗氧化活性 /（μg TE/mg）	15.2	3.48	2.56	2.72

注：数据来源于 Ishida H, Suzuno H, Sugiyama N, et al. 2000. Nutritive evaluation on chemical components of leaves, stalks and stems of sweet potatoes (*Ipomoea batatas poir*). Food Chemistry, 68: 359-367. 甘薯品种为 Koganesengan，5 月种植，10 月收获，黄色果肉。

四、甘薯的储藏

1. 影响甘薯储藏期的因素有哪些？
2. 甘薯储藏保鲜技术有哪些？
3. 家庭保存甘薯的小妙招

甘薯消费受季节性影响较大，并且食用变质甘薯会对人体产生不良的影响，所以如何保存甘薯就变得尤为重要。那么，甘薯储藏期长短与哪些因素有关？甘薯的储藏保鲜技术有哪些？是否有保存甘薯的小妙招呢？

1. 影响甘薯储藏期的因素有哪些？

甘薯是季节性很强的作物，若要最大程度地延长甘薯的供应期，保证甘薯的品质，储藏是非常重要的环节。甘薯体积大、水分多、组织柔嫩，在收获、运输、储藏过程中，容易碰伤薯皮，增大病菌感染概率，同时薯块水分散失快，降低了块根的储藏性；甘薯不耐低温，容易遭受冷害和冻害而引起烂窖。因此必须抓好收获、运输、储藏过程中的每一个环节，才能保证甘薯安全储藏。

生产上，影响甘薯储存期的因素主要包括温度、湿度、空气中氧气与二氧化碳含量、病原物四个方面。处理好这四方面因素，也就做好了安全储存工作。

1.1 温度

甘薯在储存过程中，温度不能低于 10℃，适宜温度应为 12~14℃。温度过高，呼吸作用增强，甘薯养料消耗过多，引起品质下降，容易引发病害；温度低于 9℃则会引起冷害。

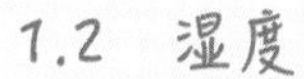

适宜的空气湿度应在 80%~90%，湿度低于 80%，甘薯块根就会失水萎蔫，食用品质就会大大降低；湿度大于 95% 时，微生物活动加强，容易引发病害。

1.3 空气

空气中氧气与二氧化碳含量是造成有氧或无氧呼吸的重要因素。当空气中氧气和二氧化碳含量分别为 15% 和 5% 时，为适宜含量。甘薯的有氧呼吸达到合适水平，能达到甘薯的长时间安全储存。相反，如果氧气含量过大，呼吸作用过强，则消耗过多养分；如果二氧化碳含量过高，易形成无氧呼吸，产生的酒精就会引起甘薯的腐烂。

1.4 病原物

甘薯储存期间，如果有病原物大量侵入，发生病害，就会影响薯块的正常呼吸，或者引发无氧呼吸，产生薯块腐烂，严重的可导致整窖甘薯腐烂、报废。因此，甘薯的安全储藏要从一切环节去除病原物，包括储藏窖的消毒措施，储藏甘薯的消毒措施，都要做得彻底。一般储藏窖的消毒可采用生石灰粉刷和硫黄熏蒸法。

2. 甘薯储藏保鲜技术有哪些?

通过上一节的介绍，我们已经知道了影响甘薯储藏期的几大因素。甘薯工业化生产中，为了使储藏的甘薯营养最优化、减重最小化、

形态和味道最美化，已开发出多种储藏保鲜方法，不同的方法对甘薯的要求不同，成本差异大，保鲜周期也不同。

2.1 窖藏

窖藏成本较低，是我国传统的、也是目前使用最为普遍的甘薯储藏保鲜法，包括棚窖、井窖、软库等，主要是通过自然通风降低温湿度，调节气体成分；也可与谷壳、草木灰等配合使用，用来降低甘薯通过呼吸作用产生的水分。

2.2 冷库

冷库可对温湿度进行精准控制，能够避免过多外界因素的干扰，可分为移动式冷库和固定式冷库，运行成本较高。

2.3 气调冷库

气调冷库可通过对气流、温湿度进行均衡控制，使甘薯处于一个合理的代谢水平。研究表明，甘薯储藏的适宜温度为 12~14℃，相对湿度为 85%~90%，CO_2 浓度≤ 10%，O_2 浓度≥ 7%。

2.4 其他方法

目前还开发出了辐照、紫外照射抑菌避免微生物侵染的方法。对于价值较高的甘薯茎叶，使用聚乙烯（polyethylene，PE）保鲜膜包装。此外，也可利用化学药剂，通过喷洒、浸蘸、熏蒸、涂膜等方式将多菌灵、盐酸四环素、细胞激动素、青鲜素、噻苯咪唑、咯菌腈、抗菌肽、水杨酸、紫茎泽兰提取液、壳聚糖、异菌脲等化学试剂用于甘薯储藏保鲜已有报道，也有学者研究了香芹酮、乙烯、萘乙酸和臭氧抑制薯块发芽的效果，但这些技术都还处于研究阶段，未得到大规模推广应用，且药剂残留问题需要关注。

3. 家庭保存甘薯的小妙招

作为消费者，从市场上买回甘薯后，应该怎么存放来延长甘薯的储存期呢？下面，笔者就带大家来了解家庭保存甘薯的小妙招吧。

（1）甘薯很怕冷，当温度过低时，就可能受冻，形成硬心，蒸不熟、煮不烂，如温度长期高于18℃以上，又会生芽。因此，家庭储存甘薯时，最好把室温控制在12~14℃。同时，也要注意保持储存温度的恒定，防止温度忽高忽低。

（2）甘薯不宜与马铃薯放在一起，甘薯喜温暖怕冷凉，而马铃薯喜凉怕热，二者放在一起要么甘薯硬心，要么马铃薯发芽。

（3）应把甘薯放在干燥通风的地方，不宜放在塑料袋中，最好放在透气的木板箱内保存。如果没有木箱，在堆放甘薯的地方和靠墙处，应垫上木板，薯堆上再盖些东西，以防受潮经湿。

（4）市场上出售的甘薯，由于经过装运，有的会被挤破、碰伤，病菌容易侵入，造成腐烂。因此，甘薯买回来后，可放在外面晒一天，以减少伤口水分，促使伤口愈合，然后放到阴凉通风处；并且要轻拿轻放，避免再次碰伤。

（5）也可以将甘薯蒸熟后晒干保存。具体方法为：把甘薯蒸熟后，每块切成三至四片，放到房上或向阳、干燥、通风的地方晾晒，注意不要受雨淋。晒干后，放在室内干燥的地方保存起来。食用前用水洗泡一下再蒸。

五、甘薯怎样吃更好呢?

1. 怎样吃甘薯更易吸收营养？
2. 烤甘薯，你了解多少？
3. 吃甘薯有什么需要注意的地方？

甘薯富含多种营养成分，对人体具有一定的保健功效。消费者往往会通过多种方式增加甘薯的摄入量，如生吃、蒸煮、烤制、油炸等。那么，上述吃法是否会对甘薯的营养成分产生影响？哪一种吃法能够充分地利用甘薯中的营养呢？

1. 怎样吃甘薯更易吸收营养？

以富含 β- 胡萝卜素的红心甘薯‘普薯 32’为例，分析不同烹饪方式（水煮、蒸制、微波、焙烤、油炸）对甘薯中基本成分、β- 胡萝卜素、维生素 C、多酚类物质及抗氧化活性等指标的影响。从表 5-1 中可以看出，蒸制可以最大程度地保留新鲜甘薯中的蛋白质、膳食纤维、灰分、维生素 C、β- 胡萝卜素及多酚类物质，抗氧化活性也较高；然后依次是水煮、微波和焙烤；油炸后，甘薯的脂肪含量显著提高，而其他营养成分的含量明显下降。因此，蒸制效果最好，水煮、微波、焙烤依次位居其后，油炸最差。

表 5-1　不同烹饪方式对甘薯营养特性的影响（干基）

营养特性	对照	水煮	蒸制	微波	焙烤	油炸
碳水化合物 /（g/100g）	81.10	82.17	82.21	82.93	84.08	66.42
蛋白质 /（g/100g）	9.28	8.97	10.01	8.43	8.28	6.38
脂肪 /（g/100g）	0.85	0.70	0.71	0.77	0.75	18.89
膳食纤维 /（g/100g）	2.46	3.24	3.48	2.49	2.29	2.42
灰分 /（g/100g）	2.14	1.75	2.84	1.77	1.99	1.73
维生素 C/（mg/100g）	79.32	57.10	75.74	58.23	44.63	49.46
β- 胡萝卜素 /（mg/100g）	15.29	8.41	10.77	8.51	7.55	1.99
多酚类物质含量 /（mg GAE/g）	2.64	1.61	1.94	1.57	1.75	1.49
抗氧化活性 /（%）	49.49	62.29	64.04	67.10	64.34	75.11

注：数据来源于红心甘薯——‘普薯 32’的测定结果，均以干基表示。

尽管蒸制可以最大程度地保留甘薯的营养成分，且不会对人体产生有害影响。但是，甘薯经过焙烤后，会产生更加令人愉悦的色泽和芳香物质，这也是烤甘薯更加受消费者青睐的原因。尤其是冬天，大街小巷中经常会出现烤甘薯的身影。那么，烤甘薯是否会对人体产生不良作用呢？对于烤甘薯，哪些事情是需要我们格外注意的呢？

2. 烤甘薯，你了解多少？

目前，市售烤甘薯通常是用圆铁桶作为加热容器，也有商家采用烤箱来生产烤甘薯。有人说，甘薯在焙烤过程中会产生致癌物质，也有人认为烤甘薯用的圆铁桶多是化工用桶，在焙烤过程中会形成致癌物质。那么事实究竟是怎样的呢？

2.1 街边烤甘薯为什么可能会有致癌物质？

街边烤甘薯用的圆铁桶很多是由化工原料桶、汽油桶或柴油桶改装制成的，经高温烘烤后，桶内残留的化学物质可能会产生甲苯、

甲醛和二氧化硫等，会污染甘薯；此外，街边烤甘薯多是用煤炭烘烤而成，煤在燃烧时容易产生二氧化硫、砷等有害物质。

甲苯极微溶于水，易溶于有机溶剂，半数致死量（大鼠，经口）为 5g/kg，对人体皮肤和神经系统有毒害作用；甲醛易溶于水和乙醇，长期、低浓度接触甲醛会刺激呼吸系统，且具有致癌性；长期低剂量摄入砷化合物，会导致慢性砷中毒，还有可能诱发恶性肿瘤；二氧化硫易溶于水，进入呼吸道后，会使气管和支气管的管腔缩小，气道阻力增加，造成呼吸不顺畅，进入血液后，会对全身产生毒副作用，严重时可致癌。

此外，街边圆铁桶烤制甘薯时并没有明确的烤制温度和时间，甘薯在 220~280℃长时间烘烤时，蛋白质中的天冬酰胺和还原糖发生美拉德反应（图 5-1），除形成令人愉悦的色泽和芳香味之外，也易形成丙烯酰胺。丙烯酰胺易溶于水，可通过消化道、呼吸道、皮肤黏膜等多种途径进入人体内，可造成神经系统病变、生育能力下降，严重时会诱发多种器官肿瘤，属于 2A 类致癌物，半数致死量为 150~180mg/kg。

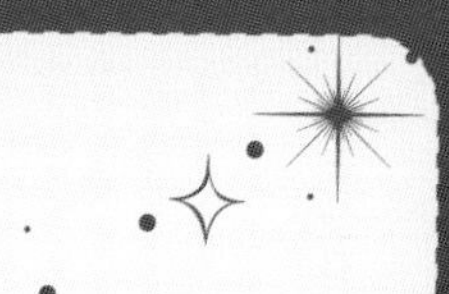

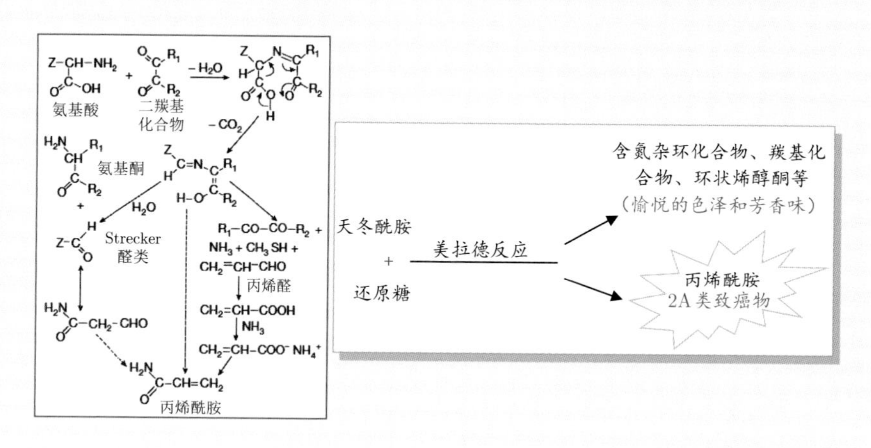

图 5-1　反应过程

2.2　街边烤甘薯是否能够放心购买和食用？

国内已有研究人员对街边烤甘薯和烤箱烤甘薯中的致癌物质——丙烯酰胺进行了分析，其中，街边烤甘薯主要是从临潼、渭南、河阳、安阳等地购买的采用圆铁桶烤制的甘薯，烤箱烤甘薯是实验室内采用烤箱，在220~280℃下烤制50~120min获得。通过对两种烤甘薯的表皮和薯心进行测定，发现两种烤甘薯的薯心中均未检出丙烯酰胺，烤箱烤甘薯的外皮也未检出丙烯酰胺，只有街边烤甘薯的外皮检出少量丙烯酰胺，为4.72μg/kg（表5-2）。这说明烤箱烤甘薯相对于街边烤甘薯来讲，安全性更高。

表 5-2　街边烤甘薯和烤箱烤甘薯中丙烯酰胺测定结果

烤甘薯样品	外皮	薯心
街边烤甘薯	4.72μg/kg	未检出
烤箱烤甘薯	未检出	未检出

如果要购买街边的烤甘薯，可以选用电烤箱或红外烤箱烤制的甘薯，现在很多超市门口都有销售；若要购买圆铁桶烤制的甘薯，消费者也要尽量挑选外皮完整、完全熟透、质构软糯的烤甘薯，且在食用前要注意去皮。

2.3 两种家庭自制烤甘薯的方法

既然街边的烤甘薯可能存在一定的健康隐患，那么笔者介绍两种家庭自制烤甘薯的方法，不仅健康，而且好吃、省时、省力。

在做烤甘薯之前，尽量选择长条形、粗细均匀的甘薯，不要太粗或太大，否则受热不均匀，可能出现外面已经烤软了，甚至烤煳了，而里面还是不熟的情况。

烤箱烤甘薯的方法：①将甘薯洗净，稍微擦干表皮的水分；②烤箱 180℃预热 5min 左右后，将甘薯放入烤架上；③烤制时，大约每隔 20min 翻一次，烤制时间为 40~50min；如果烤箱中的烤架可以转动，则不需要翻面，直接烤制即可。

若家中没有烤箱，笔者也为大家准备了另外一种方法，更加简单方便，用高压锅就能做：①先将甘薯洗干净，放进锅里蒸 10min，此时甘薯没有蒸熟，但已有水汽；②随后将甘薯放入高压锅，

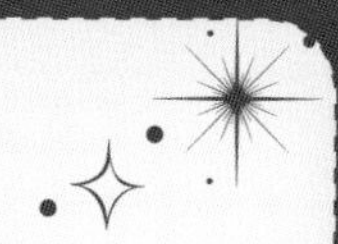

锅内放入少量水然后高火蒸 20min；③排气阀始终处于打开状态，直至把水汽充分排出，即得烤甘薯。

3. 吃甘薯有什么需要注意的地方?

既然甘薯有如此多的营养与保健功效，那我们是不是可以大量地食用甘薯呢？是不是可以随时随地、毫无顾忌地食用呢？答案当然是否定的，甘薯虽好，但不能贪多，也不能无节制地食用。

（1）不建议食用甘薯皮、根须及有黑斑的甘薯。由于甘薯属于根茎类食物，长期生长在土壤里，表皮、根须会与土壤直接接触，土壤里的一些重金属和有害物质会吸附在皮和根须上，并且甘薯皮含较多的生物碱，口感不好，也会引起胃部不适，因此，不建议吃甘薯皮和根须。此外，有些甘薯由于生长和储藏的原因，表皮长有黑斑，具有一定的致癌性，也不可食用。

（2）甘薯有营养，但不能过量食用。这是因为甘薯中含有“气化酶”和较多的粗纤维，容易在胃肠道里产生大量二氧化碳，会导致腹胀；此外，甘薯含有部分小分子糖类物质，人体肠道中的细菌会利用这些糖类产酸、产气，若过量食用会产生大量胃酸，容易引起腹胀或“烧心”。

（3）不宜与甜食一起食用。甘薯糖分高，不宜与甜食，如果脯、糕点等一起食用，否则会增加胃食管反流的可能性，因此，尽量避免采用拔丝或者油炸的做法。

（4）不宜单独食用甘薯。甘薯蛋白质和脂质较少，不宜单吃，要搭配蔬菜、水果和谷物一起食用，保证营养均衡。例如，将甘薯切块，

和大米、小米等一起熬成粥其实是更科学的，一般一次 200g 左右最佳。

（5）一般来说，尽量避免将甘薯与鸡蛋、番茄、螃蟹、柿子、香蕉同食，否则可能会引起消化不良、腹痛、腹泻、胃溃疡等症状。

（6）甘薯适宜熟吃。因为生甘薯中的淀粉未经高温破坏，很难被人体消化吸收，可能会引发腹胀、腹泻、呕吐等。

（7）甘薯最好在午餐时段食用。这是因为甘薯中所含的钙质需要在人体内经过 4~5h 进行吸收，若晚上食用甘薯，糖分多了，机体短时间内吸收不完，剩余部分留在肠道内容易发酵，引起腹胀。尤其要注意的是，肠胃不好的老年人晚上吃甘薯可能会导致胃酸过多，影响睡眠。

中国农业科学院农产品加工研究所 薯类加工创新团队

研究方向

薯类加工与综合利用。

研究内容

薯类加工适宜性评价与专用品种筛选；薯类淀粉及其衍生产品加工；薯类加工副产物综合利用；薯类功效成分提取及作用机制；薯类主食产品加工工艺及质量控制；薯类休闲食品加工工艺及质量控制；超高压技术在薯类加工中的应用。

团队首席科学家

木泰华　研究员

团队概况

现有科研人员8名，其中研究员2名，副研究员2名，助理研究员3名，科研助理1名。2003~2018年期间共培养博士后及研究生79人，其中博士后4名，博士研究生25名，硕士研究生50名。近年来主持或参加国家重点研发计划项目-政府间国际科技创新合作重点专项、"863"计划、"十一五""十二五"国家科技支撑计划、国家自然科学基金项目、公益性行业（农业）科研专项、现代农业产业技术体系建设专项、科技部科研院所技术开发研究专项、科技部农业科技成果转化资金项目、"948"计划等项目或课题68项。

主要研究成果

甘薯蛋白

- 采用膜滤与酸沉相结合的技术回收甘薯淀粉加工废液中的蛋白。
- 纯度达85%，提取率达83%。
- 具有良好的物化功能特性，可作为乳化剂替代物。
- 具有良好的保健特性，如抗氧化、抗肿瘤、降血脂等。

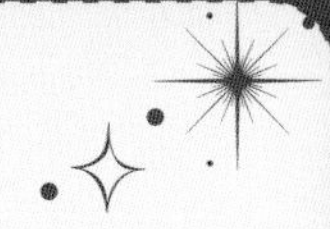

- 获省部级及学会奖励 3 项，通过省部级科技成果鉴定及评价 3 项，获授权国家发明专利 3 项，出版专著 3 部，发表学术论文 41 篇，其中 SCI 收录 20 篇。

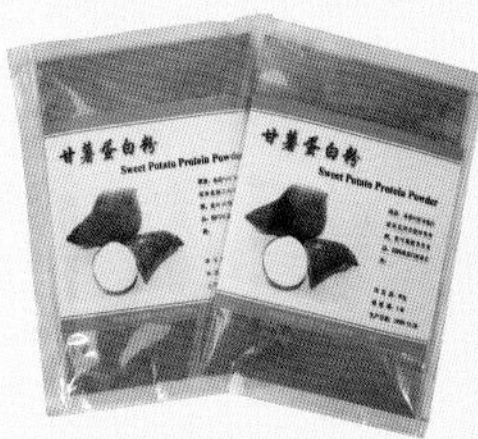

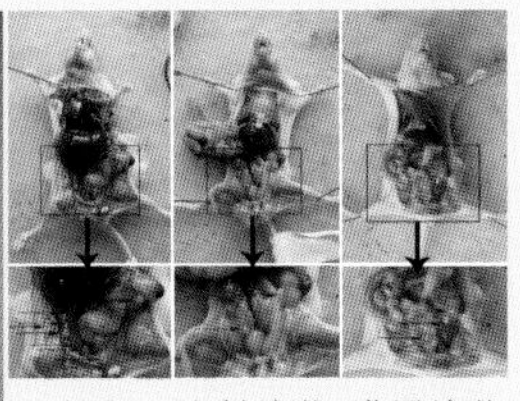

对照　注射给药　灌胃给药

甘薯颗粒全粉

- 是一种新型的脱水制品,可保存新鲜甘薯中丰富的营养成分。
- “一步热处理结合气流干燥”技术制备甘薯颗粒全粉，简化了生产工艺，有效地提高了甘薯颗粒全粉细胞的完整度。
- 在生产过程中用水少，废液排放量少，应用范围广泛。
- 通过农业部科技成果鉴定 1 项，获授权国家发明专利 2 项，出版专著 1 部，发表学术论文 10 篇。

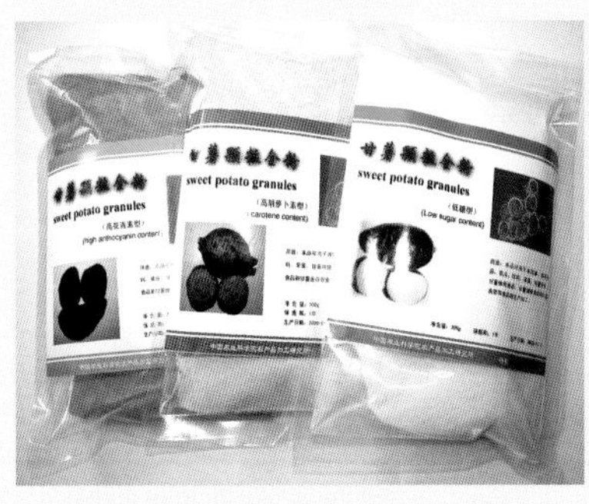

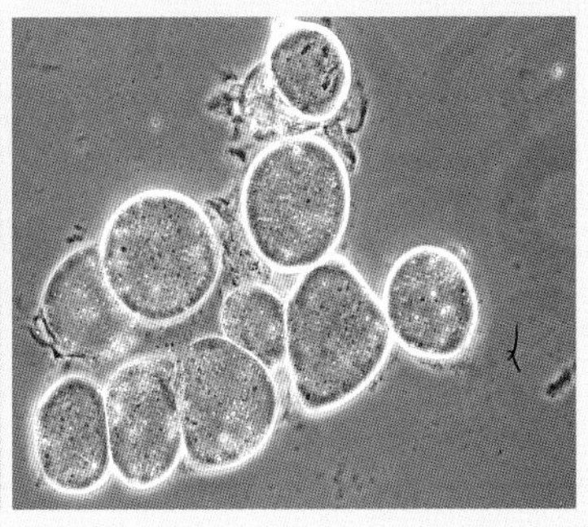

甘薯膳食纤维及果胶

- 甘薯膳食纤维筛分技术与果胶提取技术相结合，形成了一套完整的连续化生产工艺。

- 甘薯膳食纤维具有良好的物化功能特性；大型甘薯淀粉厂产生的废渣可以作为提取膳食纤维的优质原料。
- 甘薯果胶具有良好的乳化能力和乳化稳定性；改性甘薯果胶具有良好的抗肿瘤活性。
- 获省部级及学会奖励 3 项，通过农业部科技成果鉴定 1 项，获得授权国家发明专利 3 项，发表学术论文 25 篇，其中 SCI 收录 9 篇。

甘薯茎尖多酚

甘薯茎尖多酚

- 主要由酚酸（绿原酸及其衍生物）和类黄酮（芦丁、槲皮素等）组成。
- 具有抗氧化、抗动脉硬化，防治冠心病与中风等心脑血管疾病，抑菌、抗癌等许多生理功能。
- 获授权国家发明专利 1 项，发表学术论文 8 篇，其中 SCI 收

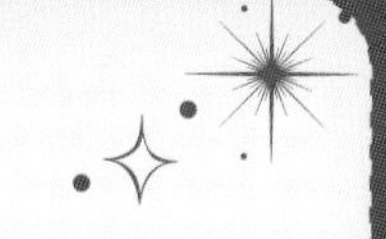

录 4 篇。

紫甘薯花青素

- 与葡萄、蓝莓、紫玉米等来源的花青素相比，具有较好的光热稳定性。
- 抗氧化活性是维生素 C 的 20 倍，维生素 E 的 50 倍。
- 具有保肝，抗高血糖、高血压，增强记忆力及抗动脉粥样硬化等生理功能。
- 获授权国家发明专利 1 项，发表学术论文 4 篇，其中 SCI 收录 2 篇。

马铃薯馒头

- 以优质马铃薯全粉和小麦粉为主要原料，采用新型降黏技术，优化搅拌、发酵工艺，经过由外及里再由里及外地醒发等独创工艺和一次发酵技术等多项专利蒸制而成。
- 突破了马铃薯馒头发酵难、成形难、口感硬等技术难题，成功将马铃薯粉占比提高到 40% 以上。

- 马铃薯馒头具有马铃薯特有的风味，同时保存了小麦原有的麦香风味，芳香浓郁，口感松软。马铃薯馒头富含蛋白质，必需氨基酸含量丰富，可与牛奶、鸡蛋蛋白质相媲美，更符合 WHO/FAO 的氨基酸推荐模式，易于消化吸收；维生素、膳食纤维和矿物质（钾、磷、钙等）含量丰富，营养均衡，抗氧化活性高于普通小麦馒头，男女老少皆宜，是一种营养保健的新型主食，市场前景广阔。
- 获授权国家发明专利 5 项，发表相关论文 3 篇。

马铃薯面包

- 马铃薯面包以优质马铃薯全粉和小麦粉为主要原料，采用新型降黏技术等多项专利、创新工艺及 3D 环绕立体加热焙烤而成。
- 突破了马铃薯面包成形和发酵难、体积小、质地硬等技术难题，成功将马铃薯粉占比提高到 40% 以上。
- 马铃薯面包风味独特，集马铃薯特有风味与纯正的麦香风味于一体，鲜美可口，软硬适中。
- 获授权国家发明专利 1 项，发表相关论文 3 篇。

马铃薯焙烤系列休闲食品

- 以马铃薯全粉及小麦粉为主要原料，通过配方优化与改良，采用先进的焙烤工艺精制而成。
- 添加马铃薯全粉后所得的马铃薯焙烤系列食品风味更浓郁、营养更丰富、食用更健康。
- 马铃薯焙烤类系列休闲食品包括：马铃薯磅蛋糕、马铃薯卡思提亚蛋糕、马铃薯冰冻曲奇以及马铃薯千层酥塔等。
- 获授权国家发明专利 4 项。

成果转化

1. 成果鉴定及评价

（1）甘薯蛋白生产技术及功能特性研究（农科果鉴字 [2006] 第034号），成果被鉴定为国际先进水平；

（2）甘薯淀粉加工废渣中膳食纤维果胶提取工艺及其功能特性的研究（农科果鉴字 [2010] 第28号），成果被鉴定为国际先进水平；

（3）甘薯颗粒全粉生产工艺和品质评价指标的研究与应用（农科果鉴字 [2011] 第31号），成果被鉴定为国际先进水平；

（4）变性甘薯蛋白生产工艺及其特性研究（农科果鉴字 [2013] 第33号），成果被鉴定为国际先进水平；

（5）甘薯淀粉生产及副产物高值化利用关键技术研究与应用［中农（评价）字 [2014] 第08号］，成果被评价为国际先进水平。

2. 获授权专利

（1）甘薯蛋白及其生产技术，专利号：ZL200410068964.6；

（2）甘薯果胶及其制备方法，专利号：ZL200610065633.6；

（3）一种胰蛋白酶抑制剂的灭菌方法，专利号：ZL200710177342.0；

（4）一种从甘薯渣中提取果胶的新方法，专利号：

ZL200810116671.9；

（5）甘薯提取物及其应用，专利号：ZL200910089215.4；

（6）一种制备甘薯全粉的方法，专利号：ZL200910077799.3；

（7）一种从薯类淀粉加工废液中提取蛋白的新方法，专利号：ZL201110190167.5；

（8）一种甘薯茎叶多酚及其制备方法，专利号：ZL201310325014.6；

（9）一种提取花青素的方法，专利号：ZL201310082784.2；

（10）一种提取膳食纤维的方法，专利号：ZL201310183303.7；

（11）一种制备乳清蛋白水解多肽的方法，专利号：ZL201110414551.9；

（12）一种甘薯颗粒全粉制品细胞完整度稳定性的辅助判别方法，专利号：ZL 201310234758.7；

（13）甘薯Sporamin蛋白在制备预防和治疗肿瘤药物及保健品中的应用，专利号：ZL201010131741.5；

（14）一种全薯类花卷及其制备方法，专利号：ZL201410679873.X；

（15）提高无面筋蛋白面团发酵性能的改良剂、制备方法及应用，专利号：ZL201410453329.3；

（16）一种全薯类煎饼及其制备方法，专利号：ZL201410680114.6；

（17）一种马铃薯花卷及其制备方法，专利号：ZL201410679874.4；

（18）一种马铃薯渣无面筋蛋白饺子皮及其加工方法，专利号：ZL201410679864.0；

（19）一种马铃薯馒头及其制备方法，专利号：ZL201410679527.1；

（20）一种马铃薯发糕及其制备方法，专利号：ZL201410679904.1；

（21）一种马铃薯蛋糕及其制备方法，专利号：ZL201410681369.3 ；

（22）一种提取果胶的方法，专利号：ZL201310247157.X；

（23）改善无面筋蛋白面团发酵性能及营养特性的方法，专利号：ZL201410356339.5；

（24）一种马铃薯渣无面筋蛋白油条及其制作方法，专利号：ZL201410680265.0；

（25）一种马铃薯煎饼及其制备方法，专利号：ZL201410680253.8；

（26）一种全薯类发糕及其制备方法，专利号：ZL201410682330.3；

（27）一种马铃薯饼干及其制备方法，专利号：ZL201410679850.9；

（28）一种全薯类蛋糕及其制备方法，专利号：ZL201410682327.1；

（29）一种由全薯类原料制成的面包及其制备方法，专利号：ZL201410681340.5；

（30）一种全薯类无明矾油条及其制备方法，专利号：

ZL201410680385.0；

（31）一种全薯类馒头及其制备方法，专利号：ZL201410680384.6；

（32）一种马铃薯膳食纤维面包及其制作方法，专利号：ZL201410679921.5；

（33）一种马铃薯渣无面筋蛋白窝窝头及其制作方法，专利号：ZL201410679902.2。

3. 可转化项目

（1）甘薯颗粒全粉生产技术；

（2）甘薯蛋白生产技术；

（3）甘薯膳食纤维生产技术；

（4）甘薯果胶生产技术；

（5）甘薯多酚生产技术；

（6）甘薯茎叶青汁粉生产技术；

（7）紫甘薯花青素生产技术；

（8）马铃薯发酵主食及复配粉生产技术；

（9）马铃薯非发酵主食及复配粉生产技术；

（10）马铃薯饼干系列食品生产技术；

（11）马铃薯蛋糕系列食品生产技术。

联系方式

联系电话：+86-10-62815541

电子邮箱：mutaihua@126.com

联系地址：北京市海淀区圆明园西路 2 号中国农业科学院
农产品加工研究所科研 1 号楼

邮　　编：100193